"十一五"国家重点图书出版规划项目

数学文化小丛书

李大潜　主编

连分数与历法

徐诚浩

U0183097

高等教育出版社·北京

图书在版编目（CIP）数据

连分数与历法 / 徐诚浩. —北京：高等教育出版

社，2007.12（2024.1重印）

（数学文化小丛书 / 李大潜主编）

ISBN 978-7-04-022369-9

Ⅰ. 连… Ⅱ. 徐… Ⅲ. ①连分数—基本知识②历法

—基本知识 Ⅳ. O173.2 P194

中国版本图书馆 CIP 数据核字（2007）第 159494 号

项目策划　李艳馥　李　蕊

策划编辑　李　蕊　　　　责任编辑　崔梅萍　　　　封面设计　王凌波
责任绘图　杜晓丹　　　　版式设计　王艳红　　　　责任校对　杨雪莲
责任印制　田　甜

出版发行	高等教育出版社	咨询电话	400-810-0598
社　　址	北京市西城区德	网　　址	
	外大街4号		http://www.hep.edu.cn
邮政编码	100120		http://www.hep.com.cn
印　　刷	中煤（北京）印务	网上订购	
	有限公司		http://www.landraco.com
开　　本	787×960 1/32		http://www.landraco.com.cn
印　　张	2	版　　次	2007年12月第1版
字　　数	33 000	印　　次	2024年1月第17次印刷
购书热线	010-58581118	定　　价	6.00 元

本书如有缺页、倒页、脱页等质量问题，请到所购图书销售部门联系
调换。

版权所有　侵权必究

物 料 号　22369-A0

数学文化小丛书编委会

数学文化小丛书总序

整个数学的发展史是和人类物质文明和精神文明的发展史交融在一起的。数学不仅是一种精确的语言和工具、一门博大精深并应用广泛的科学，而且更是一种先进的文化。它在人类文明的进程中一直起着积极的推动作用，是人类文明的一个重要支柱。

学好数学，不等于拼命做习题、背公式，而是要着重领会数学的思想方法和精神实质，了解数学在人类文明发展中所起的关键作用，自觉地接受数学文化的熏陶。只有这样，才能从根本上体现素质教育的要求，并为全民族思想文化素质的提高夯实基础。

鉴于目前充分认识到这一点的人还不多，更远未引起各方面足够的重视，很有必要在较大的范围内大力进行宣传、引导工作。本丛书正是在这样的背景下，本着弘扬和普及数学文化的宗旨而编辑出版的。

为了使包括中学生在内的广大读者都能有所收益，本丛书将着力精选那些对人类文明的发展起过重要作用、在深化人类对世界的认识或推动人类对世界的改造方面有某种里程碑意义的主题，由学有专长的学者执笔,抓住主要的线索和本质的内容,由浅入深并简明生动地向读者介绍数学文化的丰富内涵、数学文化史诗中一些重要的篇章以及古今中外一些著名数学家的优秀品质及历史功绩等内容。每个专题篇幅不长,并相对独立,以易于阅读、便于携带且尽可能降低书价为原则,有的专题单独成册,有些专题则联合成册。

希望广大读者能通过阅读这套丛书,走近数学、品味数学和理解数学,充分感受数学文化的魅力和作用,进一步打开视野,启迪心智,在今后的学习与工作中取得更出色的成绩。

李大潜

2005年12月

目　　录

一、引　　言

"历法"这个名词大家一定都很熟悉，因为它和我们日常生活的关系实在太密切了.

"历法"的主要内容集中反映在日历上. 不管是印刷精致的台历、挂历，还是制作简单的一纸、一卡，都集中了历法的精华. 它是人人、事事、物物都离不开的好伴侣.

人有生辰忌日、日程安排; 事有年代痕迹、日期记载; 物有生产年月、使用期限，它们都离不开查记日历.

可是在日常生活中，关于历法，有很多问题并不是人人都很清楚的. 例如: 过完阳历年不久，还要过阴历年. 阳历与阴历是怎样安排的? 阳历与阴历之间有什么关系?

一个阳历年中有12个月，其中7个月是大月，每月有31天; 4个月是小月，每月有30天; 二月份非常特殊，在一般年份中，二月份都是28天，但在有些年份中，二月份却有29天. 因此在一年中，有时有365天，有时有366天. 为什么要这样安排? 有没有确定的规律?

阴历年的情况更加复杂. 有时一年中有12个月，有时一年中却有13个月. 而且多出来的一个月并不是固定在哪一个月. 如此设置的依据是什么?

在一个阴历年中, 为什么还要分成24个节气? 我们经常能听到"立春"、"春分"、"清明"、"夏至"、"秋分"、"冬至" 等节气名称, 它们到底属于阳历还是阴历? 有什么实际意义? 它们是怎么排定的? 为什么在有些年中有两个"立春" 而在有些年中却没有"立春"? "立春" 到底是在年初还是年末?

这些问题, 你是否想把它们弄懂?

显然, 白天黑夜, 寒冷炎热, 月圆月缺, 周而复始, 这种自然现象肯定与地球、太阳和月亮的运行规律有关. 有史以来, 大量史料说明, 人们一直在观察天象变化而制定历法, 并且随着对天体运行规律的认识的加深, 不断地修正历法. 人们要生存, 要耕种, 要劳动, 必须要了解自然规律. 所以, 制定历法的依据就是对于天体运行规律的认识.

由于在不同的时期, 不同地区的人们对天体运行规律的认识深度的不同, 特别是天文学和数学发展水平的差异, 从古至今, 世界各国颁布的历法并不统一. 例如, 历史上一个埃及年, 每一年都是12个月, 每一月都是30天, 这样一年才360天, 与地球围绕太阳旋转一周的天数(当时认为是365天) 还相差5天, 于是干脆放在年末放假5天. 后来又把这5天放入某些月中称为"大月". 很多国家与我国一样, 同时实行两种历法. 现在世界通用的是"公历", 采用"四年一闰, 百年少一闰, 四百年加一闰". 为什么要采用如此复杂的"闰"法? 有没有一部固定不变的永恒的历法?

　　因为认识和描述天体运行规律离不开有效的工具, 于是天文学和数学就应运而生. 当然, 归根到底, 是离不开数学的发展. 古文明的发源地, 例如古希腊、古埃及、巴比伦(今伊拉克一部分)以及中国, 都是天文学和数学发展的先驱者. 一千五百多年前, 我国南北朝时期的**祖冲之**, 他不但通晓天文地理, 善于工匠, 更是一位大数学家, 他制定出当时相当先进的大明历: 他对圆周率的计算成果比欧洲人早了一千多年.

　　自古至今, 直至将来, 制定历法始终是一件非常重要而艰巨复杂的事情. 本文将涉及它的最常用的那些内容, 仅仅是凤毛麟角. 我们将运用数学中的连分数工具, 对上述问题一一作出回答, 并对火星大冲及日食、月食等天文现象是怎样发生的作出解释. 这个数学工具一点也不深奥, 而且计算也较简单, 大家很容易学会.

二、连　分　数

所谓连分数就是一种特殊类型的繁分数. 例如

$$3 + \frac{1}{7} = \frac{22}{7} \approx 3.1428571.$$

$$3 + \cfrac{1}{7 + \cfrac{1}{15}} = 3 + \cfrac{1}{\frac{106}{15}} = 3 + \frac{15}{106} = \frac{333}{106}$$

$$\approx 3.141509434.$$

$$3 + \cfrac{1}{7 + \cfrac{1}{15 + \cfrac{1}{1}}} = 3 + \cfrac{1}{7 + \cfrac{1}{16}} = 3 + \cfrac{1}{\frac{113}{16}}$$

$$= 3 + \frac{16}{113} = \frac{355}{113}$$

$$\approx 3.1415929.$$

如此奇特的繁分数是凭空想出来的吗? 它们有什么用? 且不要小看它们, 用它们可以描述和解释很多天文现象. 这正是本文所要探讨的问题.

与连分数密切相关的是在中学教材中就有的**辗转相除法**, 它是求最大公因数的常用方法. 那么, 什么叫最大公因数?

我们知道, 对于任意两个正整数 a, b, 一定存在确定的两个非负整数 q 和 r 使得

$$a = qb + r, \quad \text{其中} \ 0 \leqslant r < b.$$

这里的a称为**被除数**, b称为**除数**, q称为**商数**, r称为**余数**. 这个算式称为**带余除法**.

例如, 对于$a = 15, b = 4$, 有

$$15 = 3 \times 4 + 3, \quad 余数为3 < 4.$$

对于$a = 15, b = 3$, 却有

$$15 = 5 \times 3 + 0, 余数为零.$$

当余数$r = 0$时, 称b整除a, 或b是a的**因数**, a是b的**倍数**.

对于任意一个正整数a, 一定有两个因数a和1(当$a = 1$时, 两者合一), 称为a的平凡因数. a的不是平凡因数的因数称为**真因数**. 有真因数的正整数称为**合数**, 没有真因数的正整数称为**素数**, 也称为**质数**. 2当然是素数, 它是偶数. 除2以外, 所有的素数都是奇数. 素数有无限多个:

$$2, 3, 5, 7, 11, 13, \cdots.$$

任意取定两个正整数a, b. 既是a的倍数, 又是b的倍数的正整数, 称为a和b的公倍数. 在a和b的所有的公倍数中, 必有一个最小的, 称为**最小公倍数**, 记为$[a, b]$. 既能整除a, 又能整除b的正整数, 称为a和b的公因数. 在a和b的所有的公因数中, 必有一个最大的, 称为**最大公因数**, 记为(a, b). 可以严格证明一定成立等式

$$(a, b)[a, b] = ab.$$

例如, $a = 18, b = 30$, 把它们都写成素因数的乘积

$$a = 18 = 2 \times 3 \times 3, b = 30 = 2 \times 3 \times 5,$$

找出所有的公因数2和3, 把它们相乘就可得到18 与30 的最大公因数

$$(a, b) = 2 \times 3 = 6.$$

把所有因数相乘, 并划去公因数2和3, 就得到18 与30 的最小公倍数

$$[a, b] = 2 \times 3 \times 3 \times 5 = 90.$$

它们之间满足等式

$$(a, b)[a, b] = 6 \times 90 = 540 = 18 \times 30 = ab.$$

例1 求 $m = 10$ 和 $n = 12$ 的最大公因数和最小公倍数.

[解] 由 $m = 10 = 2 \times 5$ 和 $n = 12 = 2 \times 2 \times 3$ 知最大公因数为2, 最小公倍数为60.

据清朝诗人**赵翼**考证, 在东汉(距今已二千多年)之前, 我们的祖先就在用最大公因数了. 这就是**干支纪年法**. 这个纪年方法不但是我国独创的, 而且直到现在我们还在用它来纪年, 还会一直用下去. 可见它是多么的完美无缺!

分别排出十个天干与十二个地支, 并用十二种动物来配十二个地支:

天干: 甲 乙 丙 丁 戊 己 庚 辛 壬 癸

地支: 子 丑 寅 卯 辰 巳 午 未 申 酉 戌 亥

属相: 鼠 牛 虎 兔 龙 蛇 马 羊 猴 鸡 狗 猪

把天干与地支按以下方法依次配对:

把第一个天干"甲"与第一个地支"子"配出"甲子";

把第二个天干"乙"与第二个地支"丑"配出"乙丑";

把第三个天干"丙"与第三个地支"寅"配出"丙寅"

……

把第十个天干"癸"与第十个地支"酉"配出"癸酉".

此时, 十个天干已经用完, 而地支还剩两个, 于是接下去的是

把第一个天干"甲"与第十一个地支"戌"配出"甲戌";

把第二个天干"乙"与第十二个地支"亥"配出"乙亥".

此时, 十二个地支也已用完, 再从第一个地支"子"开始, 于是接下去的是

把第三个天干"丙"与第一个地支"子"配出"丙子";

把第四个天干"丁"与第二个地支"丑"配出"丁丑"

……

按此规则, 可依次配出天干地支纪年法:

甲子, 乙丑, 丙寅……癸酉(共计十年);

甲戌, 乙亥, 丙子……癸未(共计十年);

甲申, 乙酉, 丙戌……癸巳(共计十年);

甲午, 乙未, 丙申……癸卯(共计十年);

甲辰, 乙巳, 丙午……癸丑(共计十年);

甲寅, 乙卯, 丙辰……癸亥(共计十年).

到了癸亥年, 十个天干与十二个地支正好全部用完, 一共用了六十年. 接下去是"天干"与"地支"都从头开始配对, 即又从"甲子"年开始纪年.

因为 $m = 10$ 和 $n = 12$ 最小公倍数为60, 所以十个天干与十二个地支按上述规则相配, 只能得到60个不同的纪年, 而不是 $10 \times 12 = 120$ 个.

每隔60年轮回一次, 俗称一个**甲子**. 第一个甲子年是公元前2697. 是黄帝纪年的元年.

60岁的年龄, 称为一个**甲子**. 过了60岁就可称为花甲之年.

这里有一个现象需要说明: 为什么不存在甲丑年、甲卯年、甲巳年等? 为此, 我们可查看一下书末的附表一. 因为1924年是甲子年, 过了59, 1983年是癸亥年, 所以1984年必是甲子年, 而不是甲丑年和乙子年. 在附表一中的 $12 \times 10 = 120$ 个位置中, 有一半是空格.

有了天干地支纪年法, 就可方便地用来记忆年代和推算年龄和属相.

例如, 2006年是丙戌年, 2007年就是丁亥年.

孙中山领导的辛亥革命是1911年, 那么60年后的1971年又是辛亥年.

已知2007年是丁亥年, 问 13^4 年以后是什么年? 要回答这个似乎很难的问题, 只要用到每隔60年轮回一次, 就可迎刃而解. 因为

$$13^4 = 28561 = 60 \times 476 + 1,$$

所以 13^4 年以后是丁亥年的下一年戊子年.

如果你想知道某一年是什么年,可查书末的附表一. 从这一表中,可直接查出从1924—2043年中任意一年是什么年. 再用加、减60的倍数的方法可知任意一年的纪年.

每个人都有一个终身不变的属相,这是中国特有的习俗. 它的确定方法与阳历和节气都有关系. 干支纪年的岁首是立春. 例如,因为"子"对应属相"鼠";"丑"对应属相"牛",2008年(戊子年)2月4日(立春)是鼠年第一天;2009年(己丑年)2月3日(立春)是牛年第一天,所以凡是在2008年2月4日到2009年2月2日之间出生的人都属鼠.

十二个地支又可用来区分一天中的12个时辰:

时辰:	子	丑	寅	卯	辰	巳
时段:	23—01	01—03	03—05	05—07	07—09	09—11
时辰:	午	未	申	酉	戌	亥
时段:	11—13	13—15	15—17	17—19	19—21	21—23

因为"卯"时在"寅"时的后面,所以我们常用"寅吃卯粮"比喻入不敷出、预先借支的窘境.

如果说,某人生于某年某月某日的"午"时,就表示他的出生时间是那一天的11—13时.

2007年的立春(阳历2月4日)是农历十二月十七"未"时,说明在那一天的13—15时进入立春.

由此可见,时辰也是我们生活中的常用词.

求两个正整数的最大公因数的方法,常用的有以下两个. 我们用例子说明如下:

例2 求 $m = 942$ 和 $n = 1350$ 的最大公因数和最小公倍数.

[解] 先把m和n分解为素因数的乘积:

$$942 = 2 \times 3 \times 157, 1350 = 2 \times 3^3 \times 5^2,$$

据此可知m和n的最大公因数为$2 \times 3 = 6$, 最小公倍数为$157 \times 1350 = 211950$.

对于例2中的两个数$m = 942$和$n = 1350$, 我们是先把它们写成所有的素因数的乘积, 然后直接看出它们的最大公因数为$d = 2 \times 3 = 6$. 在理论上, 对于任意两个正整数, 都可以用这种方法找出它们的最大公因数. 可是有时候计算量太大, 不切实用. 所以一般是用辗转相除法求最大公因数.

例3 用辗转相除法求$m = 942$和$n = 1350$的最大公因数.

[解] 可依次作如下带余除法:

1350除以942得 $1350 = 1 \times 942 + 408,$

942除以408得 $942 = 2 \times 408 + 126,$

408除以126得 $408 = 3 \times 126 + 30,$

126除以30得 $126 = 4 \times 30 + 6,$

30除以6得 $30 = 5 \times 6 + 0.$

因为最后一个余数为零, 所以辗转相除法结束, 所求的最大公因数就是最后一个除数6.

关于上述计算过程需作如下说明. 在每一个带余除式中都有四个数: 被除数(例如1350)、除数(例如942)、商数(例如1)和余数(例如408). 把上一式中的除数作为下一式的被除数, 把上一式中的余数作为下一式的除数, 又可得到一个较小的余数. 如此下去. 因为第一式中的余数是有限正整数, 所以经过有限次带余除法, 一定可以把余数减小为零.

据此可以断言: 最后一个正余数必是所考虑的两个正整数的最大公因数. 为此仅需说明两点:

(1) 因为最后一式的余数为零, 所以最后一个正余数6必是以下诸被除数的因数:

$$30, 126, 408, 942, 1350.$$

因而6必是 $m = 942$ 和 $n = 1350$ 的公因数.

(2) 观察每一个带余除式可知, 1350 与 942 的任意一个公因数 d 必是942 与408 的公因数, 也必是408 与126 的公因数, 也必是126 与 30 的公因数, 也必是30 与 6 的公因数. 这就是说, d 必是6的因数.

可把上述计算过程写成竖式:

```
    1 3 5 0 |         |       9 4 2
 -) 9 4 2   | 1       |   -)  8 1 6
    4 0 8   | 2       |       1 2 6
 -) 3 7 8   | 3       |   -)  1 2 0
      3 0   | 4       |           6
 -)   3 0   | 5       |
      ─
```

所求最大公因数就是6.

上述计算过程用若干个分式表示就是

$$\frac{1350}{942} = 1 + \frac{408}{942},$$

$$\frac{942}{408} = 2 + \frac{126}{408},$$

$$\frac{408}{126} = 3 + \frac{30}{126},$$

$$\frac{126}{30} = 4 + \frac{6}{30},$$

$$\frac{30}{6} = 5 + 0.$$

也可把这些分式合并成一个**连分数**形式:

$$a = \frac{1350}{942} = 1 + \cfrac{1}{2 + \cfrac{1}{3 + \cfrac{1}{4 + \cfrac{1}{5 + 0}}}}$$

为了节省篇幅, 我们把上述连分数缩写成

$$a = \frac{1350}{942} = 1 + \frac{1}{2} + \frac{1}{3} + \frac{1}{4} + \frac{1}{5}.$$

其中, 第一个写在中间的加号是分割数 a 的整数部分和分数部分, 其余的加号必须写在下面, 表示是连分数中的加法.

这样, 本段开始所说的三个连分数可写成

$$3 + \frac{1}{7} = \frac{22}{7} \approx 3.1428571.$$

$$3 + \frac{1}{7} + \frac{1}{15} = \frac{333}{106} \approx 3.141509434.$$

$$3 + \frac{1}{7} + \frac{1}{15} + \frac{1}{1} = \frac{355}{113} \approx 3.1415929.$$

关于连分数的**基本计算公式**是

$$\frac{1}{x} + \frac{y}{z} = \frac{1}{x + \cfrac{y}{z}} = \frac{z}{xz + y}.$$

三、连分数的截断值

说到这里，很自然地会产生三个问题：一个分数的连分数表示式是否可能永远写不完？即便能写完，是否一定要把它写完？如果没有把它写完就把它截断，所得到的分数与原来所给的分数有什么关系？

首先，从上面所讲的辗转相除法不难理解，任意一个有理数一定可以唯一地写成有限连分数：

$$\frac{a}{b} = q_1 + \frac{1}{q_2} + \frac{1}{q_3} + \cdots + \frac{1}{q_{N-1}} + \frac{1}{q_N}, q_N > 1.$$

这里，要求 $q_N > 1$ 是为了确保有理数写成这种有限连分数的形式是唯一的. 例如

$$3 + \cfrac{1}{7 + \cfrac{1}{15 + \cfrac{1}{1}}} \quad \text{与} \quad 3 + \cfrac{1}{7 + \cfrac{1}{16}}$$

是同一个有理数 $\frac{355}{113}$ 的不同的连分数表示式，应取后者. 对此，在本文中不作深入讨论.

可以证明：任意一个无理数一定可以唯一地写成无限连分数. 本文也不考虑无限连分数.

其次，我们仍然用例2中的两个数为例说明，如何利用分数的连分数表示式的逐次截断值求出该分数的近似值.

我们知道,

$$a = \frac{1350}{942} = 1.433121019\cdots.$$

利用上面已经求出的a的连分数表示式

$$a = \frac{1350}{942} = 1 + \frac{1}{2} + \frac{1}{3} + \frac{1}{4} + \frac{1}{5}$$

可依次求出截断值:

$$a_0 = 1,$$
$$a_1 = 1 + \frac{1}{2} = 1.5,$$
$$a_2 = 1 + \frac{1}{2} + \frac{1}{3} = 1 + \frac{3}{7} \approx 1.4286,$$
$$a_3 = 1 + \frac{1}{2} + \frac{1}{3} + \frac{1}{4} = 1 + \frac{1}{2} + \frac{4}{13} = 1 + \frac{13}{30}$$
$$\approx 1.4333,\cdots.$$

我们发现有以下不等式

$$a_0 < a_2 < a < a_3 < a_1.$$

这说明上述连分数的逐次截断值, 从左、右两个方向交叉地逐渐逼近a的真值.

可以证明, 任意一个数的连分数的逐次截断值都有这个**渐近逼近性**, 每个截断值称为**渐近分数**.

下面我们先利用连分数的渐近逼近性解释一些天文现象, 然后仍然利用连分数的渐近逼近性回答在"引言"中提出的关于历法的问题.

四、人造行星

在地球上用运载火箭把某人造天体发射到高空. 在其进入预定轨道点时必须具有的最小初始速度称为宇宙速度. 围绕地球旋转的地球卫星达到第一宇宙速度(7.9千米／秒), 它还不能摆脱地球引力. 一旦达到第二宇宙速度(11.2千米／秒), 它就能摆脱地球引力而飞入行星际空间, 围绕太阳旋转, 成为人造行星. 一旦达到第三宇宙速度(16.7千米／秒), 它就能摆脱太阳引力离开太阳系而飞往恒星际空间.

世界上第一个人造行星是前苏联在1959年1月发射的, 称为"月球-1号". 它在离月球6000千米处通过, 成为人造行星. 它与地球一样, 围绕着太阳旋转, 不过两者的运行速度并不一样. 在发射成功后发射方就预测: 五年后它又将接近地球; 而且在2113年它又将非常接近地球. 为什么? 运用连分数可以很容易地说明这种预测的根据.

根据公布的资料知道, 这个人造行星绕太阳一周需450天. 我们知道地球绕太阳一周约需365.25天. 一旦发射成功, 人造行星和地球就分开了, 大家都围绕着太阳旋转. 为了求出它们何时能再相逢, 就要求出它们围绕太阳旋转一周所需天数的比值:

$$a = \frac{450}{365.25} = \frac{45000}{36525} \approx 1.2320329.$$

它用竖式表示的计算过程如下:

```
      45000 |
  -)  36525 | 1        36525
  ─────────── |      -) 33900
       8475 | 4        ─────
  -)   7875 | 3         2625
  ─────────── |      -)  2400
        600 | 4        ─────
  -)    450 | 2         225
  ─────────── |      -)   150
        150 | 1        ─────
  -)    150 | 2          75
  ───────────
```

它的连分数表示式为

$$a = \frac{450}{365.25} = 1 + \frac{1}{4} + \frac{1}{3} + \frac{1}{4} + \frac{1}{2} + \frac{1}{1} + \frac{1}{2}.$$

逐个计算渐近分数:

$a_0 = 1.$

$a_1 = 1 + \dfrac{1}{4} = \dfrac{5}{4} = 1.25.$

$a_2 = 1 + \dfrac{1}{4} + \dfrac{1}{3} = 1 + \dfrac{3}{13} = \dfrac{16}{13} \approx 1.2307692.$

$a_3 = 1 + \dfrac{1}{4} + \dfrac{1}{3} + \dfrac{1}{4} = 1 + \dfrac{1}{4} + \dfrac{4}{13} = 1 + \dfrac{13}{56}$

$\quad = \dfrac{69}{56} \approx 1.2321429.$

$a_4 = 1 + \dfrac{1}{4} + \dfrac{1}{3} + \dfrac{1}{4} + \dfrac{1}{2} = 1 + \dfrac{1}{4} + \dfrac{1}{3} + \dfrac{2}{9}$

$\quad = 1 + \dfrac{1}{4} + \dfrac{9}{29} = 1 + \dfrac{29}{125} = \dfrac{154}{125} \approx 1.232.$

$a_5 = 1 + \dfrac{1}{4} + \dfrac{1}{3} + \dfrac{1}{4} + \dfrac{1}{2} + \dfrac{1}{1} = 1 + \dfrac{1}{4} + \dfrac{1}{3} + \dfrac{1}{4} + \dfrac{1}{3}$

$\quad = 1 + \dfrac{1}{4} + \dfrac{1}{3} + \dfrac{13}{42} = 1 + \dfrac{42}{181} = \dfrac{223}{181} \approx 1.2320442.$

发现的确有

$$a_0 < a_2 < a_4 < a < a_5 < a_3 < a_1.$$

这些渐近分数从左、右两侧交叉地逼近 a.

人造行星发入太空以后，它围绕太阳旋转，有其固定的运行轨道与运转速度. 说它接近地球，指的是它们又返回到原先发射时的相对位置.

如果地球绕太阳一周正好是360天，那么

$$a = \frac{450}{360} = \frac{5}{4} = 1 + \frac{1}{4} = a_1.$$

由 $5 \times 360 = 4 \times 450$ 知道当地球绕太阳转五周时，行星绕太阳正好转四周，于是五年后，行星与地球又回到了发射时的相对位置.

可是地球绕太阳一周是约365.25天，所以实际情况并非如此简单. 不过用连分数的截断值也可作出比较符合实际的推测.

a_1 的数值说明，行星绕太阳转四周时，地球绕太阳大约转五周. 因此，五年后，即1964年，行星将第一次接近地球后又分开.

a_2 的数值说明，行星转十三周时，地球大约转十六周. 因此，十六年后，即1975年，行星将更接近地球后又分开.

a_3 的数值说明，行星转五十六周时，地球大约转六十九周. 因此，六十九年后，即2008年，行星将进一步接近地球后又分开.

a_4 的数值说明，行星转一百二十五周时，地球大约转一百五十四周. 因此，一百五十四年后，即2113年，行星将非常接近地球.

由 a_5 的数值知, 到了1959+223=2182年, 两者几乎又回到了发射时的相对位置.

噢! 预测的方法竟如此简单! 那么, 能不能预测更复杂一些的天文现象?

五、火 星 大 冲

在上一节中考虑的是太阳、地球和行星三个天体的运行. 用完全同样的方法, 可考虑太阳、地球和火星三个天体的运行.

我们知道地球和火星差不多是在同一轨道平面上围绕太阳按各自的椭圆形轨道旋转, 火星轨道在地球轨道之外. 当火星、地球和太阳接近在一条直线上时(地球在中间), 就说发生**冲**的现象, 见图1. 特别的, 在地球轨道与火星轨道的最近处发生的冲称为**大冲**. 此时, 是人们背着太阳观察火星的最佳时机.

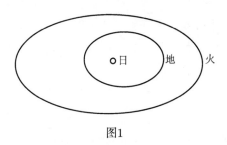

图1

已知火星绕太阳一周需687天, 地球绕太阳一周需365.25天. 需要求出

$$a = \frac{687}{365.25} \approx 1.880903491$$

的连分数表示式. 先求出竖式计算过程:

```
  6 8 7 0 0
-) 3 6 5 2 5      1        3 6 5 2 5
  3 2 1 7 5   1        -) 3 2 1 7 5
-) 3 0 4 5 0   7           4 3 5 0
  1 7 2 5   2        -)   3 4 5 0
-)    9 0 0   1             9 0 0
      8 2 5   1        -)   8 2 5
-)    8 2 5   11              7 5
      —
```

据此可得到连分数表示式:

$$a = \frac{687}{365.25} = 1 + \cfrac{1}{1} + \cfrac{1}{7} + \cfrac{1}{2} + \cfrac{1}{1} + \cfrac{1}{1} + \cfrac{1}{11}.$$

依次截取渐近分数

$a_0 = 1.$

$a_1 = 1 + \cfrac{1}{1} = \cfrac{2}{1} = 2.$

$a_2 = 1 + \cfrac{1}{1} + \cfrac{1}{7} = \cfrac{15}{8} = 1.875.$

$a_3 = 1 + \cfrac{1}{1} + \cfrac{1}{7} + \cfrac{1}{2} = \cfrac{32}{17} \approx 1.882352941.$

$a_4 = 1 + \cfrac{1}{1} + \cfrac{1}{7} + \cfrac{1}{2} + \cfrac{1}{1} = \cfrac{47}{25} = 1.88.$

$a_5 = 1 + \cfrac{1}{1} + \cfrac{1}{7} + \cfrac{1}{2} + \cfrac{1}{1} + \cfrac{1}{1} = \cfrac{79}{42} \approx 1.88095.$

渐近分数a_2的数值说明地球转十五周与火星转八周的时间差不多, 所以, 两次冲的间隔时间大约为十五年. 渐近分数a_5的数值说明地球转七十九周与火星转四十二周后几乎回到了原处. 所以, 由于1956年9月曾发生了一次大冲, 那么, 79 年以后, 即到2035年, 几乎在原来的相对位置上又将发生一次大冲.

六、日食与月食

日食与月食是经常能看到的天文现象. 它们是怎么发生的? 能不能预测? 与连分数有没有关系? 大家知道, 地球除了每天一周的自转以外, 还围绕太阳每年旋转一周. 月亮除了每月一周的自转以外, 还围绕地球每月旋转一周. 由于月亮自转的周期正好等于月亮绕地球旋转的周期, 所以月亮总是用确定的一面朝向地球, 因而我们在地球上总是无法看到月亮另一面的"庐山真面目".

因为月亮每月围绕地球旋转一周, 而地球在围绕太阳旋转, 所以实际上, 月亮也是在围绕太阳旋转. 可见地球和月亮实际运行的情况相当复杂.

让我们具体分析一下日食与月食是怎样发生的. 能否用连分数测出日食与月食的周期?

我们把地球围绕太阳旋转的轨道平面称为**黄道面**. 如果月亮就是在黄道面上围绕着地球旋转, 那么日食与月食的发生时间就非常容易确定, 就好像钟表面上的时针和分针在同一面上旋转一样, 一旦两针重合, 就发生了"冲"也就是"食". 可是实际情况并不是这样简单. 月亮的轨道平面(**白道面**)与黄道面是相交的两个平面, 月亮从黄道面的这一侧穿过去到另一侧, 然后再穿过黄道面回到原来的一侧, 所以，月亮的运行轨迹与黄道面必有两个交点(分别称为**升交点**和**降交点**). 当然，这两个交点，一个在地球运行轨迹圈以内，另一个在圈外. 月亮从圈内交点回到圈内交点的时间称为**交点月**，已知约为27.2123天.

人们把初一的新月称为"朔"，十五的满月称为"望"，娥眉月称为"弦". 两个新月之间所隔时间称为"朔望月". 已知间隔时间为29天12小时44分2.8秒，或29.5306天.

当太阳、月亮与地球接近在一条直线上时，如果月亮在太阳与地球之间，就发生日食. 此时从地球上看太阳，就有一部分被月亮盖住，发生**日偏食**. 当月影全部在太阳内时，就发生**日全食(日冕天象)**，使得太阳失去昔日灼热的光辉. 见图2. 这时，日冕亮度大约是太阳亮度的一百万分之一，或满月亮度的一半，所以是我们观察太阳的最佳时机. 如果地球在月亮与太阳之间，就发生月食. 此时从地球上看月亮，就有一部分甚至全部的太阳光线被地球挡住，使得月亮暗淡无光. 这就是民间所说的"天狗吃月亮".

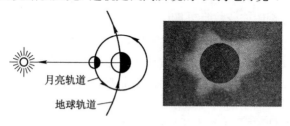

图2

下面我们考虑两次相邻的日全食之间相隔时间是多少？显然，发生日食的时间与交点月有关，因为发生日食时, 月亮一定在上述的圈内交点上. 但另一方面, 因为发生日食时, 太阳光被月亮挡住, 从地球上看月亮, 一定是月亮最暗的日子, 也就是一定在"朔"日. 这说明发生日食的时间, 也与朔望月有关. 因此, 当发生一次日食后, 只有当月亮从这个圈内交点再回到同一交点, 而且从一个"朔"日到下一个"朔"日时, 才再次发生日食. 这就要求我们计算一个交点月与一个朔望月的比值:

$$a = \frac{29.5306}{27.2123} = \frac{295306}{272123} \approx 1.0852.$$

正像在第四节中考虑地球与行星相逢周期一样, 计算一个交点月与一个朔望月的比值, 就可求出日食的发生周期.

仍用辗转相除法求出 a 的连分数表示式为

$$a = 1 + \frac{1}{11} + \frac{1}{1} + \frac{1}{2} + \frac{1}{1} + \frac{1}{4} + \frac{1}{2} + \frac{1}{9} + \frac{1}{1} + \frac{1}{25} + \frac{1}{2}.$$

其计算竖式为

2 9 5 3 0 6				
−) **2 7 2 1 2 3**	1		**2 7 2 1 2 3**	
2 3 1 8 3	11	−)	**2 5 5 0 1 3**	
−) **1 7 1 1 0**	1		**1 7 1 1 0**	
6 0 7 3	2	−)	**1 2 1 4 6**	
−) **4 9 6 4**	1		**4 9 6 4**	
1 1 0 9	4	−)	**4 4 3 6**	
−) **1 0 5 6**	2		**5 2 8**	
5 3	9	−)	**4 7 7**	
−) **5 1**	1		**5 1**	
2	25	−)	**5 0**	
−) **2**	2		**1**	
—				

我们选择下面一个渐近分数

$$a \approx 1 + \cfrac{1}{11} + \cfrac{1}{1} + \cfrac{1}{2} + \cfrac{1}{1} + \cfrac{1}{4}$$

$$= 1 + \cfrac{1}{11} + \cfrac{1}{1} + \cfrac{1}{2} + \cfrac{4}{5} = 1 + \cfrac{1}{11} + \cfrac{1}{1} + \cfrac{5}{14}$$

$$= 1 + \cfrac{1}{11} + \cfrac{14}{19} = 1 + \cfrac{19}{223} = \cfrac{242}{223} \approx 1.0852.$$

这说明大约经过242个交点月，也就是223个朔望月以后，太阳、月亮与地球几乎又回到了原先发生日食时的相对位置. 这中间相隔的时间约为6585天，大概18年11天. 事实上，以下两数非常接近：

$$242 \times 27.2123 \approx 6585.3766,$$

$$223 \times 29.5306 \approx 6585.3238.$$

这就是两次日全食之间相隔时间的近似值.

当然，以上是计算这三个天体(月亮在太阳与地球之间发生日全食)先后两次在一条直线上所间隔的时间. 但是实际上，在这一段时间内将会发生很多次偏食的情形. 所以在这18年11天中会发生多次日偏食和月偏食. 经过计算，在这18年11天中约有43次日食和28次月食；在一年中日、月食总数不会超过七次. 相邻两次日食(或月食)之间的间隔时间也不是相同的. 但是，每隔6585天，这三个天体又几乎回到原来的相对位置，却是不争的事实. 在这6585天中所发生的现象将周而复始重演一遍. 这就是天文学上所说的**沙罗周期**.

上面简单介绍了连分数在解释天体运行规律方面的应用.

必须说明的是，上面我们仅仅对于某些天文现象作些解释性的应用. 广而言之, 凡是重复发生的现象和几个现象重迭发生的场合, 都可运用连分数工具作出预测和解释.

下面我们进一步介绍连分数在历法制定中的应用.

七、世界各种历法

制定历法与地球自转和它围绕太阳旋转以及月亮围绕地球旋转的周期都有关系. 由于它们之间的关系不能简单地用整数之比表示, 也就是碰到的是一个无限连分数, 所以制定历法从古至今一直是件极其重要而又艰巨复杂的事情. 不同的国家和不同的宗教信仰至今仍然用着各式各样的历法.

1. 太阳年与太阴年

地球绕太阳旋转一周所需时间称为一个**太阳年**. 在一个太阳年中有365.25天. 在一个太阳年中, 如何设置月份, 在不同年代和不同国家, 采用的是不同的太阳年历, 并不统一.

把初一的新月称为"朔", 十五的满月称为"望". 两个新月之间所隔时间称为"**太阴月**"又称"**朔望月**". 间隔时间为 29 日 12 小时 44 分 2.8 秒, 或 29.530589 日. 12 个太阴月组成一个**太阴年**, 共有 $29.530589 \times 12 \approx 354.37$ 日.

采用严格太阴年的是伊斯兰教徒. **穆斯林年**由12个月组成, 其中 6 个月为 30 日, 6 个月为 29 日, 大月小月交替出现. 这样一年为 354 天, 比一个太阴年少了 0.37 天, 30 年就要少 11 天. 于是规定在每 30 年中, 有 19 年是 354 天, 11 年是 355 天. 这样就调整到与月相基本一致.

太阴年比太阳年每年大约短 11 天. 3 个太阴年就要落后一个月. 所以太阴年与农业季节的循环不匹配, 不利于在农业上的应用.

2. 埃及年

埃及年是一种太阳年. 在古代, 平均每隔 365 天, 尼罗河发生一次洪水泛滥. 因为每当天狼星在清晨升起, 尼罗河的河水就开始上涨, 所以埃及人把天狼星的两个在清晨升起的间隔时间当作一年, 它有 365 天. 埃及年定为每年 12 个月, 每月都是 30 天, 在年终再加上 5 天当作假日, 一年就是 365 天.

3. 回归年

回归年是一种太阳年. 每个回归年为 365 天 5 小时 48 分 46 秒, 即 365.2422 天. 它是两个相邻春分之间的平均间隔时间.

4. 阴阳历和犹太历

为了使太阴年和太阳年与季节循环保持一致, 人们就采用 "插入整月" 的方法制定历法. 这无疑是历法制定上的一个了不起的飞跃. 规定每 19 年为一循环, 其中, 第 3, 6, 8, 11, 14, 17, 19 年都定为 13 个太阴月, 其余 12 年仍定为 12 个太阴月. 即

$$19 个太阳年 = 235(= 7 \times 13 + 12 \times 12) 个太阴月$$
$$= 19 个太阴年 + 7 个太阴月.$$

这仍是当今**犹太历**的基础. 因为这种历法协调了太阴年与太阳年, 所以称为阴阳历.

我国的农历也是一种阴阳历. 在后面我们将给出详细说明.

5. 儒略年

罗马人从公元前45年起采用修正的埃及历. 它是罗马共和国执政者**儒略·恺撒(Julius·Caesar,** 公元前102—前44)从埃及带回来的. 修正的方法是把埃及年中多余的5天分插在全年之中. 实际分法是: 有4个月是30天, 有7个月是31天, 认为二月份是"不祥之月", 仅有28天. 这样, 一年才365天. 这与回归年还不一致, 于是, 再作规定, 每第四年的二月有29天. 这一年称为"闰年", 其中的二月称为"闰月". 这是与犹太历不同的修正方法, 也是我们现在所用的公历的雏形.

6. 格里历

为了更接近回归年, 在1582年, 罗马教皇**格里高利(Gregory)**十三世将儒略年作进一步修改. 规定每个"平年"有365天; 每个"闰年"有366天. 具体规定如下:

7个大月: 一、三、五、七、八、十和十二月. 每月31天.

4个小月: 四、六、九和十一月. 每月30天.

"平年"的二月为28天, "闰年"的二月为29天. 年数是4的倍数者是"闰年". 年数是400的倍数者仍

是"闰年". 但其他的逢百之年仍为"平年". 这就是

"四年一闰, 百年少一闰, 四百年加一闰".

它就是现在世界各国通用的公历.

7. 大明历

说到中国的历法, 不得不讲讲**祖冲之**的大明历.

一千五百多年前的祖冲之就已经测出了地球绕太阳旋转一周的天数是365.24281481天, 与现在知道的365.2422天对比, 它已准确到小数点后第三位. 想想当时的计算工具仅仅是一些代表数字的小竹棍, 就可知道这是多么不容易! 他还发现了当时使用的历法中的错误, 在公元462年(刘宋大明六年), 他制定出**大明历**(是当时最好的历法). 可惜遭到权势人物(戴法兴, 得到当时皇帝孝武帝刘骏的宠幸)的反对, 认为"古人制章" "万世不易", 是"不可革"的. 认为天文历法"非凡人所制", 骂祖冲之是"诬天背经", 说"非冲之浅虑, 妄可穿凿"的. 祖冲之写了一篇《驳议》, 说"愿闻显据, 以窍理实", 并表示了"浮词虚贬, 窃非所惧"的严正立场. 可是这场斗争, 祖冲之并未得胜. 直到他死后十年(510年), 由于他的儿子(也是数学家, 精通历法)再三坚持, 并经过实际天象的检验, 大明历才正式颁行. 在历史上, 每一次修正历法都是正确与错误、先进与落后斗争的产物.

我国现在采用的历法是既有阳历(公历)又有阴历(农历). 阳历就是格里历. 阴历是根据我国农业季节循环规律而制定的. 历史悠久, 非常有特色. 这是本文的重点讲述内容之一.

综上所述,之所以有五花八门的历法,就是由于地球绕太阳旋转一周的时间、月亮绕地球旋转一周的时间都不是简单的正整数.古人们所做的事情就是用各种方法在调整安排,使得所制定的历法与季节的循环相匹配.进化到现在的历法,毫无疑问,在制定的过程中,数学的应用与发展起着决定性的作用.

下面我们用连分数的渐近分数来解释历法的制定,阳历"闰年""闰月"和农历的"闰年""闰月"以及月大、月小是如何设置的.

八、阳历的闰年

地球绕太阳转一圈是365天5小时48分46秒,即近似365.2422天(回归年),而格里历的平年是365天.如果不加以调整,所产生的误差逐年积累,过800年,就要在夏天过年了(0.2422×800≈194天).因此必须要插入一些闰年,闰年中的二月规定为29天.那么,自然要问:应该规定哪些年是闰年呢?

既然地球绕太阳转一圈是365天5小时48分46秒,而一个格里年只有365天,那么必须要处理这些误差的积累.

要把上述误差5小时48分46秒,化成天数,再通过插入闰月的方法吸收这些积累误差.以每天24小时为分母,把误差5小时48分46秒写成分数形式是

$$\frac{5}{24}+\frac{48}{24\times 60}+\frac{46}{24\times 60\times 60}=\frac{10463}{43200}\approx 0.2421991(天).$$

用辗转相除法可列出竖式计算式

```
     43200
   -)41852      4      10463
     1348  7        -) 9436
   -) 1027   1         1027
      321  3        -)  963
   -)  320     5          64
        1  64       -)   64
                          ̄
```

得到它的连分数表示式为

$$a = \frac{10463}{43200} = \frac{1}{4} + \frac{1}{7} + \frac{1}{1} + \frac{1}{3} + \frac{1}{5} + \frac{1}{64}.$$

它的逐次渐近分数为

$$a_1 = \frac{1}{4} \approx 0.25.$$

$$a_2 = \frac{1}{4} + \frac{1}{7} = \frac{7}{29} \approx 0.2413793.$$

$$a_3 = \frac{1}{4} + \frac{1}{7} + \frac{1}{1} = \frac{8}{33} \approx 0.2424242.$$

$$a_4 = \frac{1}{4} + \frac{1}{7} + \frac{1}{1} + \frac{1}{3} = \frac{31}{128} \approx 0.2421875.$$

$$a_5 = \frac{1}{4} + \frac{1}{7} + \frac{1}{1} + \frac{1}{3} + \frac{1}{5} = \frac{163}{673} \approx 0.2421991.$$

由 $a_1 = \frac{1}{4}$ 知道, 每隔四年应该加一天, 这就是"**四年一闰**". 不过这太粗糙. 由 $a_2 = \frac{7}{29}$ 知道, 每隔二十九年加七天稍好一些. 由 $a_3 = \frac{8}{33}$ 知道, 每隔三十三年加八天, 即九十九年加二十四天更接近于实际. 这说明一百年(近似于九十九年)应该加二十四天而不应该加二十五天. 这就是说应该"**四年一闰, 百年少一闰**".

由

$$a_3 = \frac{8}{33} \approx 0.2424242 > a$$

知, 每隔三十三年加八天实际上是加得太多了. 但如果始终是一百年加二十四天, 则由

$$\frac{24}{100} = 0.24 < a$$

知加得少了. 我们计算一下, 如果始终保持"百年二十四闰", 那么过了43200年, 一共加了

$$432 \times 24 = 10368天.$$

可是由

$$a = \frac{10463}{43200}$$

知, 过了43200年应该加10463天, 这就是说, 少加了95天. 这不行! 于是又进一步修正为

"四年一闰, 百年少一闰, 四百年加一闰".

可是再计算一下, 按这种规定, 可算出在43200年中, 一共加了10476天, 又多加了13天, 平均每3323年多加了一天. 如何调整(每隔3323年去掉一个闰年), 这还是让子孙后代去考虑吧!

由此可见, 一方面, 现行的历法是相当精确的, 另一方面, 还需要进一步修正. 这一切都离不开数学!

九、阴历的闰年

我国除了采用国际上通用的公历(阳历)以外,同时还采用农历(阴历),它与农业上的节气与月球围绕地球旋转的时间密切相关.农历的一个月是"朔望月",它近似为29.5306天.因为地球绕太阳一周是365.2422天,所以一个阳历年中应设置的"农业月"的个数为

$$\frac{365.2422}{29.5306} = 12 + \frac{10.8750}{29.5306}.$$

把它的小数部分记为

$$a = \frac{10.8750}{29.5306}.$$

因此,为了吸收这种误差积累,必须在某些阴历年中增加一个月,称该年为**闰年**,增加的那个月称为**闰月**.与阳历不同的是,阴历中的闰月未必是固定的月,而且增加的不是一天,而是一个月(29天或30天).这是根据农业节气安排的.

还是要先求出 a 的连分数表示式

$$a = \frac{10.8750}{29.5306} = \frac{1}{2} + \frac{1}{1} + \frac{1}{2} + \frac{1}{1} + \frac{1}{1} + \frac{1}{16} + \frac{1}{1} + \frac{1}{5}$$
$$+ \frac{1}{2} + \frac{1}{6} + \frac{1}{2} + \frac{1}{2} \approx 0.3682621.$$

它的逐次渐近分数为

$$a_1 = \frac{1}{2} = 0.5.$$

$$a_2 = \frac{1}{2} + \frac{1}{1} = \frac{1}{3} \approx 0.3333333.$$

$$a_3 = \frac{1}{2} + \frac{1}{1} + \frac{1}{2} = \frac{3}{8} \approx 0.375.$$

$$a_4 = \frac{1}{2} + \frac{1}{1} + \frac{1}{2} + \frac{1}{1} = \frac{4}{11} \approx 0.3636364.$$

$$a_5 = \frac{1}{2} + \frac{1}{1} + \frac{1}{2} + \frac{1}{1} + \frac{1}{1} = \frac{7}{19} \approx 0.3684211.$$

$$a_6 = \frac{1}{2} + \frac{1}{1} + \frac{1}{2} + \frac{1}{1} + \frac{1}{1} + \frac{1}{16} = \frac{116}{315} \approx 0.368254.$$

$$a_7 = \frac{1}{2} + \frac{1}{1} + \frac{1}{2} + \frac{1}{1} + \frac{1}{1} + \frac{1}{16} + \frac{1}{1} = \frac{123}{334}$$
$$\approx 0.3682635.$$

$$a_8 = \frac{731}{1985} \approx 0.368262.$$

$$a_9 = \frac{1585}{4304} \approx 0.3682621.$$

$$a_{10} = \frac{10241}{27809} \approx 0.3682621.$$

$$a_{11} = \frac{22067}{59922} \approx 0.3682621.$$

根据连分数的截断值的渐近逼近性知道,这些渐近分数依次说明:两年一闰太多,三年一闰太少,八年三闰太多,十一年四闰太少,十九年七闰太多……但精度在逐渐提高. 如果采用三百一十五年一百一十六闰,当然会更精确一些,但在具体制定时难度较大. 现行的历法基本上是"**十九年七闰**". 在哪一年设闰月,设在哪一个月,由有关部门根据农业节气设定.

1928—2011年阴历闰月分布表

年　份	28	30	33	36	38	41	44	47	49
间隔年数		2	3	3	2	3	3	3	2
闰　月	二	六	五	三	七	六	四	二	七

年　份	49	51	52	55	57	60	63	66
间隔年数		2	1	3	2	3	3	3
闰　月	七	三	五	三	八	六	四	三

年　份	66	68	71	74	76	79	82	84	87
间隔年数		2	3	3	2	3	3	2	3
闰　月	三	七	五	四	八	六	四	十	六

年　份	87	90	93	95	98	01	04	06	09
间隔年数		3	3	2	3	3	3	2	3
闰　月	六	五	三	八	五	四	二	七	五

由此统计表可见: 基本上是每隔二、三年闰一次. 被取作闰月的年的统计数字如下(1928—2011年):

闰　月	一	二	三	四	五	六
年　数	0	3	5	5	6	5

闰　月	七	八	九	十	十一	十二	计
年　数	4	3	0	0	1	0	32

由此统计数字可见,闰五月最多. 其次是闰三、四和六月. 一、九、十一和十二月尚未"闰"过.

若把统计样本扩大到1645—2796年，则更能确切反映实际情况.

用作闰月的年的统计表（1645—2796年）

闰　月	一	二	三	四	五	六
年　数	6	26	56	68	83	69

闰　月	七	八	九	十	十一	十二	计
年　数	61	30	10	9	6	0	424

可以计算出，在3358年将首次出现闰12月！

十、阴历的月大与月小

农历的一个月是"朔望月",即29.5306天.它与整数29天的误差0.5306如何处置?

为此,仍需求出误差0.5306的连分数表示式

$$a = \frac{5306}{10000} = \frac{1}{1} + \frac{1}{1} + \frac{1}{7} + \frac{1}{1} + \frac{1}{2} + \frac{1}{33} + \frac{1}{1} + \frac{1}{2}.$$

它的逐次渐近分数为

$a_1 = 1.$

$a_2 = \dfrac{1}{1} + \dfrac{1}{1} = \dfrac{1}{2} = 0.5.$

$a_3 = \dfrac{1}{1} + \dfrac{1}{1} + \dfrac{1}{7} = \dfrac{8}{15} \approx 0.5333333.$

$a_4 = \dfrac{1}{1} + \dfrac{1}{1} + \dfrac{1}{7} + \dfrac{1}{1} = \dfrac{9}{17} \approx 0.5294118.$

$a_5 = \dfrac{1}{1} + \dfrac{1}{1} + \dfrac{1}{7} + \dfrac{1}{1} + \dfrac{1}{2} = \dfrac{26}{49} \approx 0.5306122.$

$a_6 = \dfrac{1}{1} + \dfrac{1}{1} + \dfrac{1}{7} + \dfrac{1}{1} + \dfrac{1}{2} + \dfrac{1}{33} = \dfrac{867}{1534} \approx 0.5305998.$

$a_7 = \dfrac{1}{1} + \dfrac{1}{1} + \dfrac{1}{7} + \dfrac{1}{1} + \dfrac{1}{2} + \dfrac{1}{33} + \dfrac{1}{1} = \dfrac{893}{1683}$
$\approx 0.5306001.$

这些渐近分数说明,如果大月为30天,小月为29天,那么,最粗糙的是每两个月中一大一小.稍好一些是每十五个月中八大七小.再好一些

是每十七个月中九大八小. 由 a_5 的数值知道: 每四十九个月中设置二十六个大月和二十三个小月就相当精确了.

1972—2011年的闰年和闰月以及月大与月小的设置表参见书末的附表二.

在阳历中, 明确规定: 四年一闰, 百年少一闰, 四百年加一闰. 闰月取定为二月, 而且只加一天.

在附表二中可以发现, 在阴历中, 闰年和闰月的设置, 有很大的不确定性. 在多数情况下, 在一个平年中, 有六个大月(30 天) 和六个小月(29 天). 在一个闰年中, 有七个大月(30 天) 和六个小月(29 天). 但有很多年明明是平年, 却有七个大月和五个小月. 例如1988, 1989, 1994, 1997, 2003年. 1979年是闰六月, 两个六月都是大月. 1982 年是闰四月, 两个四月都是小月. 这些都是根据农业节气作出的微调.

十一、"一年两头春"与"年内无立春"

我国是严格而准确地参照农业节气来安排阴历的闰月和月大月小的,且不断地予以调整.全年分成二十四个**节气**:

月 份	正	二	三	四	五	六
节 气	立春	惊蛰	清明	立夏	芒种	小暑
中 气	雨水	春分	谷雨	小满	夏至	大暑
月 份	七	八	九	十	十一	十二
节 气	立秋	白露	寒露	立冬	大雪	小寒
中 气	处暑	秋分	霜降	小雪	冬至	大寒

说到二十四个节气,必须要纠正一个误解,那就是认为二十四个节气属于阴历,其实不然.确切地说,我们是一方面根据月亮与地球之间的运行规律制定出中国的特有的阴历;另一方面又根据太阳与地球之间的运行规律制定出中国特有的二十四个节气,所以它是一种太阳历. 在一年中分成二十四个节气,是中国独创的! 早在《易经》中就有"卦气说",它把"易卦"与"节气"相结合,用来占卦和解释自然现象.把全年分成二十四个节气,每个节气十五、六天:每个节气等分为三候:初候、中候与末候.严格地说,"二十四个节气"才是中国的"农历",因为它是农业安排的唯一依据.

值得注意的是: 中国的二十四个节气与世界通用的公历非常吻合, 那就是每个节气在公历中的日期区间最多是三天. 下面是二十四个节气的交节时间表(公历21世纪).

春	立春(2月3—5日)	雨水(2月17—19日)
	惊蛰(3月4—6日)	春分(3月19—21日)
季	清明(4月4—6日)	谷雨(4月19—21日)
夏	立夏(5月4—6日)	小满(5月20—22日)
	芒种(6月4—6日)	夏至(6月20—22日)
季	小暑(7月6—8日)	大暑(7月22—24日)
秋	立秋(8月6—8日)	处暑(8月22—24日)
	白露(9月6—8日)	秋分(9月22—24日)
季	寒露(10月7—9日)	霜降(10月22—24日)
冬	立冬(11月6—8日)	小雪(11月21—23日)
	大雪(12月6—8日)	冬至(12月21—23日)
季	小寒(1月4—6日)	大寒(1月19—21日)

因此, 我国农历的节气安排既与阳历相关, 又与农业相配, 是非常科学的历法.

再看一看中国的二十四个节气与黄道十二宫的关系.

我们常说的"天球", 就是以观测者的眼睛为中心, 以任意长度为半径的假想球, 所有天体在天球内面上的投影的移动称为"视运动". 联结天球中心与南北两极的直径视为假想的"天轴", 它与地球的自转轴平行. 垂直于天轴的平面与天球所交的那个大圆称为天球"赤道", 太阳(投影)在天球内面移动(与地球自转的方向相反)的视轨道称为"黄道", 黄道在赤道上的倾角为23°27′. 黄道与赤道相交于两点. 每年3月21日左右, 太阳由南半天球移向北半天球, 经过黄赤交点, 称为"春分点". 在黄道上, 从春分点开始, 自左向右(逆时针方向), 每隔30度设一"天宫", 共有十二宫:

白羊宫　金牛宫　双子宫

巨蟹宫　狮子宫　室女宫

天秤宫　天蝎宫　人马宫

摩羯宫　宝瓶宫　双鱼宫

其中, 进入白羊宫、巨蟹宫、天秤宫和摩羯宫的时间依次为:

春分(3月21日左右),　夏至(6月22日左右),

秋分(9月23日左右),　冬至(12月22日左右).

由此可见, 二十四个节气中的十二个"中气"是根据黄道十二宫设置的.

所以, 我国采用的农历实际上是阴阳合历. 所谓"阴", 它的每一个月是"朔望月", 大月三十天, 小月二十九天, 每月的平均长度是29.5306天. 所谓"阳", 它的历年(二十四个节气)基本适应"回归年"(每年365.25天).

二十四个节气在阴历中的日期是在不断变动的. 为了阴历年与阳历年协调, 规定以**每个农历年的"立春"前后的一个"朔日"(新月)为正月初一,** 这样, 农历平年12个月只有354天左右(29.5 × 12 = 354), 比回归年少11天左右, 因此, 在农历中, 每隔二、三年就必须插入一个闰月. 选哪一个月为闰月比较好呢? 农历历法规定, **在每一个月中, 必须包含一个相应的"中气".** 一般来说, 月初是"节气", 月末为"中气"(例如, 中气"雨水"代表正月, "春分"代表二月, 等等). 因为两个相邻的节气和两个相邻的中气之间的平均长度为30.4368天, 这比朔望月的平均长度29.5306天要长一些, 所以, 每个月的节气与中气都要比上个月的相应的节气与中气推迟一、二天. 当推迟到某个月中只有一个"节气"而没有"中气"时, 就必须规定**这个月为上一个月的闰月**, 那么它所在的这一年就是闰年. 由此可见何时设置闰月, 并不是确定的, 与误差的积累有关.

下面我们以2004, 2005, 2006, 2007年为例, 具体分析一下闰月是如何设置的, 而且解释一下大家很关心的"一年两头春"和"年内无立春"以及"年末立春"的现象是如何产生的.

例如, 2004年(甲申年)中的闰二月是这样安排出来的:

农历月	正	二	二	三	四	五	六
节　气	立春	惊蛰	清明	谷雨	小满	夏至	大暑
日　数	十四	十五	十五	初一	初三	初四	初六
节　气	雨水	春分		立夏	芒种	小暑	立秋
日　数	廿九	三十		十七	十八	二十	廿二

农历月	七	八	九	十	十一	十二
节　气	处暑	秋分	霜降	小雪	冬至	大寒
日　数	初八	初十	初十	十一	初十	十一
节　气	白露	寒露	立冬	大雪	小寒	立春
日　数	廿三	廿五	廿五	廿六	廿五	廿六

说明: 由于正月十四才是立春, 使得代表二月的中气"春分"迟至二月三十日. 如果不把二

月定为闰月,那么三月十五将是清明,代表三月的中气谷雨移在四月初一,使得三月无中气,而且以后的节气与实际的农业节气都不符了. 所以必须设置闰二月. 可是即使增加了一个"闰二月",那么代表三月的中气"谷雨",还是前移到"三月初一",使得以后的"中气"都前移到月初了,包括代表十二月的中气"大寒". 这样才造成到十二月廿六日又是"立春"了! 这就是"**一年两头春**"现象.

为什么2005 年(乙酉年) 的农历年中没有"立春" 这个节气? 我们来观察一下节气表:

农历月	正	二	三	四	五	六
节 气	雨水	春分	谷雨	小满	夏至	小暑
日 数	初十	十一	十二	十四	十五	初二
节 气	惊蛰	清明	立夏	芒种		大暑
日 数	廿五	廿七	廿七	廿九		十八

农历月	七	八	九	十	十一	十二
节 气	立秋	白露	寒露	立冬	大雪	小寒
日 数	初三	初四	初六	初六	初七	初六
节 气	处暑	秋分	霜降	小雪	冬至	大寒
日 数	十九	二十	廿一	廿一	廿二	廿一

说明: "立春"已前移到上一年的年末了,就没有年初"立春". 由于代表六月的"大暑"迟至十八,而"大寒"推迟到十二月二十一日,当然不可能有年末"立春"了!

再如, 2006年(丙戌年)中的闰七月是这样安排出来的:

农历月	正	二	三	四	五	六
节 气	立春	惊蛰	清明	立夏	芒种	小暑
日 数	初七	初七	初八	初八	十一	十二
中 气	雨水	春分	谷雨	小满	夏至	大暑
日 数	十九	廿一	廿三	廿一	廿六	廿八

农历月	七	七	八	九	十	十一	十二
节 气	立秋	白露	秋分	霜降	小雪	冬至	大寒
日 数	十四	十六	初二	初二	初二	初三	初二
中 气	处暑		寒露	立冬	大雪	小寒	立春
日 数	三十		十七	十七	十七	十八	十七

说明： 由于代表七月的中气"处暑"迟至"七月三十日"，必须设置一个闰七月．即使增加了一个闰七月，那么代表八月的中气"秋分"还是前移到"八月初二"，使得以后的"中气"都前移到月初了．这样才造成到十二月十七日又是"立春"了！这也是"一年两头春"现象．

再如，2007年(丁亥年)中的年末立春是这样安排出来的：

农历月	正	二	三	四	五	六
节 气	雨水	春分	谷雨	小满	夏至	大暑
日 数	初二	初三	初四	初五	初八	初十
中 气	惊蛰	清明	立夏	芒种	小暑	立秋
日 数	十七	十八	二十	廿一	廿三	廿六

农历月	七	八	九	十	十一	十二
节 气	处暑	秋分	霜降	小雪	冬至	大寒
日 数	十一	十三	十四	十四	十三	十四
中 气	白露	寒露	立冬	大雪	小寒	立春
日 数	廿七	廿九	廿九	廿八	廿八	廿八

按照迷信的说法，如果在一个阴历年中没

有"立春"这个节气，就认为是"不祥之年"(寡妇年)，甚至认为在这一年中结婚的新婚夫妇不会生孩子。据媒体报导，由于在2005年的农历年中没有"立春"，所以在2005年2月8日之前，到婚姻登记处申办结婚登记的对对新人排成长队，热闹非凡。从2月9日(新年正月初一)起，在偌大的一个登记大厅内，只见闲得无聊的工作人员，却不见一对新人！这是迷信造成的社会现象。2006年也是"**一年两头春**"，又是结婚高峰年。还有人误传，说在2007年的农历年中没有立春，其实这是不符合事实的，因为十二月廿八就是立春，只不过是在年末罢了！

由上述分析可见，这种迷信说法是毫无科学根据的。"一年两头春"和"年内无立春"现象都是正常的历法演变，是由我国农历与阳历两套历法并行的制度造成的，与吉凶毫无关系。每十九年中就有七个年头是"无春年"，七个年头是"双春年"。这完全是由于在有些阴历年中必须插入闰月"惹的祸"。当然，归根到底是由于阳历年与阴历年不同步引起的。

下面我们以2000年到2010年这十二年为例，用简图示意说明一下"一年两头春"和"年内无立春"这两种现象是怎样分布的。

在以下图表中，我们用●表示阴历的正月初一，即阴历年的第一天；用○表示阳历的1月1日，即阳历年的第一天；用☆表示"立春"这个节气所在的位置，即每个阳历年的2月4日。

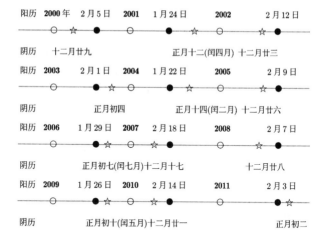

阳历	**2000** 年	2 月 5 日	**2001**	1 月 24 日	**2002**	2 月 12 日
阴历		十二月廿九			正月十二(闰四月) 十二月廿三	
阳历	**2003**	2 月 1 日	**2004**	1 月 22 日	**2005**	2 月 9 日
阴历		正月初四			正月十四(闰二月) 十二月廿六	
阳历	**2006**	1 月 29 日	**2007**	2 月 18 日	**2008**	2 月 7 日
阴历		正月初七(闰七月)十二月十七			十二月廿八	
阳历	**2009**	1 月 26 日	**2010**	2 月 14 日	**2011**	2 月 3 日
阴历		正月初十(闰五月)十二月廿一			正月初二	

说明: (1) 在相邻两个 ● 之间, 如果没有 ☆, 就说明在这个**阴历年**中没有"立春". 例如:

2000年2月5日到2001年1月24日之间;

2002年2月12日到2003年2月1日之间;

2005年2月9日到2006年1月29日之间;

2008年2月7日到2009年1月26日之间;

2010年2月14日到2011年2月3日之间.

这五个阴历年中都没有"立春". 怎么可能无人结婚呢?

(2) 在以下四个阴历年中有两个"立春", 即"一年两头春":

2001年1月24日到2002年2月12日之间;

2004年1月22日到2005年2月9日之间;

2006年1月29日到2007年2月18日之间;

2009年1月26日到2010年2月14日之间.

(3) 在从2003年2月1日到2004年1月22日的这个阴历年中, 正月初四就是立春. 它在年初.

(4) 在从2007年2月18日到2008年2月7日的这个阴历年中, 它的立春在年末十二月廿八.

十二、查 星 期

对于阳历与阴历,如何设置闰年和闰月,如何规定大月与小月,我们都已作了详细的说明. 于是与历法有关的只剩下星期的设置了. 在本文即将结束之前,我们介绍一张表格称为**七色表**,见附表三,用它可立刻查出某年某月某日是星期几.

七色表的查法如下: 此表由五个栏目组成: "星期", "月份", "日期", "公元年份" 和由红、橙、黄、绿、青、蓝、紫七种颜色组成的"七色" 栏目. 查找方法如下: 先在"月份" 栏目内找到所查月份所在的横行,在"日期" 栏目内找到所查日期所在的竖列,并在它们的交会处确定并记住这个颜色. 再在"公元年份" 栏目内找到所查年份,在此行中往左查到所记住的颜色,再往上在"星期" 栏目内即可找到所需的星期数.

例如,在第二次世界大战时,日本偷袭美国海军的"珍珠港事件"是1941年12月7日. 为什么会选在这一天呢?

先从表中的"月份"栏内(四个"月份"栏都是相同的)查到12月,再在"日期"栏内查到7日. 记住在它们的交点处查出的"绿"色. 然后在"公元年份"栏内查到1941年,往左找到"绿"色,再在"星期"栏内查出当天是星期日. 当时美军正在休假,所以被炸得措手不及,全被打懵了.

十三、结　束　语

　　已故数学家华罗庚先生在1962年出版了青年数学小丛书《从祖冲之的圆周率谈起》一书. 本人当时有幸在华先生身边学习和工作，并学习了该书的原稿，提了一些有关天文方面的参考意见，得到华先生的认可和致谢. 时隔45年，李大潜院士深孚众望，在百忙之中，率众组编这套"数学文化"小丛书，着力弘扬数学文化，特别是我国历代数学家对数学发展及应用作出的杰出贡献，激励青少年努力学习，发奋有为，立志为发展数学文化作出贡献. 在某种意义上说，本书仅仅是把《从祖冲之的圆周率谈起》一书作些补充，以飨读者.

　　由于本人对历法理解肤浅、所知甚少，恳请专家与读者不吝赐教.

附表一 天干地支纪年表
(1924—2043)

	甲	乙	丙	丁	戊	己	庚	辛	壬	癸
子	**1924** 1984		**1936** 1996		**1948** 2008		**1960** 2020		**1972** 2032	
丑		1925 1985		1937 1997		1949 2009		1961 2020		1973 2033
寅	**1974** 2034		1926 1986		1938 1998		1950 2010		1962 2022	
卯		1975 2035		1927 1987		1939 1999		1951 2011		1963 2023
辰	**1964** 2024		1976 2036		1928 1988		1940 2000		1952 2012	
巳		1965 2025		1977 2037		1929 1989		1941 2001		1953 2013
午	**1954** 2014		1966 2026		1978 2038		1930 1990		1942 2002	
未		1955 2015		1967 2027		1979 2039		1931 1991		1943 2003
申	**1944** 2004		1956 2016		1968 2028		1980 2040		1932 1992	
酉		1945 2005		1957 2017		1969 2029		1981 2041		1933 1993
戌	**1934** 1994		1946 2006		1958 2018		1970 2030		1982 2042	
亥		1935 1995		1947 2007		1959 2019		1971 2031		1983 **2043**

说明: 由此表中所列的各个年份的干支纪年规则可知, 1924年是甲子年, 排到第六十年即1983年是癸亥年, 此时十个天干与十二个地支已全部排完, 所以1984年又是甲子年. 从表中还可看到, 不存在乙子年与甲丑年等的纪年.

附表二 阴历闰年和闰月以及月大和月小设置表

	一	二	三	四	五	六	七	八	九	十	十一	十二	大月	小月
72	-	+	-	-	+	-	+	-	+	+	-	+	6	6
73	+	-	+	-	-	+	-	-	+	+	-	+	6	6
74	+	+	-	+-	-	+	-	-	+	+	-	+	7	6
75	+	+	-	+	-	-	+	-	-	+	-	+	6	6
76	+	+	-	+	-	+	-	+-	-	+	-	+	7	6
77	+	-	+	+	-	+	-	+	-	+	+	-	6	6
78	+	-	-	+	-	+	+	-	+	-	+	-	7	5
79	+	-	+	-	+	++	-	+	+	-	+	-	7	5
80	+	-	-	+	-	+	-	+	+	-	+	+	7	5
81	-	+	-	-	+	-	-	+	+	-	+	+	6	6
82	+	-	+	--	+	-	-	-	+	+	+		7	6
83	+	-	+	-	-	+	-	-	+	+	+		6	6
84	+	-	+	+	-	-	+	-	+-	+	+		7	6
85	-	+	-	-	+	-	+	-	-	+	-	+	6	6
86	-	+	-	+	+	-	-	+	-	+	-	-	6	6
87	+	-	-	+	+-	+	+	-	+	-	+		7	6
88	+	-	+	-	+	-	+	-	+	+	-		7	5
89	+	-	-	+	-	-	+	+	-	+	+	+	7	5
90	-	+	-	-	+-	+	-	+	+	+	+		7	6
91	-	+	-	-	+	-	-	+	-	+	+	-	6	6
92	-	+	+	-	-	+	-	-	+	-	+	+	6	6
93	-	+	+-	+	-	+	-	+	-	+	-		6	7
94	+	+	+	-	+	-	+	-	-	+	-	+	7	5
95	-	+	+	-	+	-	+	+-	-	+	-	+	7	6
96	-	+	-	+	-	+	-	+	-	+	-	-	6	6
97	+	-	+	-	+	-	+	-	+	+	+	-	7	5
98	+	-	-	+	-	+	-	+	+	-	+		6	6
99	+	-	-	+	-	-	+	-	+	+	-		6	6
00	+	-	-	+	-	-	+	-	+	+	-		6	6
01	+	+	-	+-	+	-	-	+	-	+	-	+	7	6
02	+	+	-	-	+	-	+	-	+	-	+	-	6	6
03	+	+	-	+	-	-	+	-	-	+	-	+	7	5
04	-	+-	+	+	-	+	-	+	-	+	-	+	7	6
05	-	+	-	+	-	+	+	-	+	-	+	-	6	6
06	+	-	+	-	+	-	+-	-	+	-	+	+	8	5
07	-	-	+	-	-	+	-	+	+	+	-	+	6	6
08	+	-	-	+	-	-	+	-	+	+	-	+	6	6
09	+	+	-	+	-	+-	-	+	-	+	+	+	7	6
10	+	-	-	+	-	-	+	-	+	+	-	+	6	6
11	+	-	+	+	-	+	-	-	+	-	+	-	6	6

注："+" 表示大月，"–"表示小月，其中双符号(例如"+ –"等)表示闰月.

附表三 七 色 表
(20世纪与21世纪)

实例:需要查 1937 年 4 月 7 日是星期几?
先在"月份"栏内查到四月,再在"日期"栏内查到 7 日。在交会处查到"黄"色。再在"公元年份"栏内查到 1937 年。往左找到"黄"色。再往上即可找到星期三。

星期 / 日期 / 月份	一	二	三	四	五	六	日
1	1	2	3	4	5	6	7
	8	9	10	11	12	13	14
	15	16	17	18	19	20	21
	22	23	24	25	26	27	28
	29	30	31				

公元年份

月份			一	二	三	四	五	六	日	公元年份
十	一(平)		红	紫	蓝	青	绿	黄	橙	**1900** 06 17 23 28 34 45
四	一(闰)	七	橙	红	紫	蓝	青	绿	黄	01 07 12 18 29 35 40 46
九	十二		黄	橙	红	紫	蓝	青	绿	02 13 19 24 30 41 47
六			绿	黄	橙	红	紫	蓝	青	03 08 14 25 31 36 42
三	二(平)	十一	青	绿	黄	橙	红	紫	蓝	09 15 20 26 37 43 48
八	二(闰)		蓝	青	绿	黄	橙	红	紫	04 10 21 27 32 38 49
五			紫	蓝	青	绿	黄	橙	红	05 11 16 22 33 39 50
十	一(平)		红	紫	蓝	青	绿	黄	橙	51 56 62 73 79 84 90
四	一(闰)	七	橙	红	紫	蓝	青	绿	黄	57 63 68 74 85 91 96
九	十二		黄	橙	红	紫	蓝	青	绿	52 58 69 75 80 86 97
六			绿	黄	橙	红	紫	蓝	青	53 59 64 70 81 87 92 98
三	二(平)	十一	青	绿	黄	橙	红	紫	蓝	54 65 71 76 82 93 99
八	二(闰)		蓝	青	绿	黄	橙	红	紫	55 60 66 77 83 88 94
五			紫	蓝	青	绿	黄	橙	红	61 67 72 78 89 95 **2000**
十	一(平)		红	紫	蓝	青	绿	黄	橙	01 07 12 18 29 35 40 46
四	一(闰)	七	橙	红	紫	蓝	青	绿	黄	02 13 19 24 30 41 47
九	十二		黄	橙	红	紫	蓝	青	绿	03 08 14 25 31 36 42
六			绿	黄	橙	红	紫	蓝	青	09 15 20 26 37 43 48
三	二(平)	十一	青	绿	黄	橙	红	紫	蓝	04 10 21 27 32 38 49
八	二(闰)		蓝	青	绿	黄	橙	红	紫	05 11 16 22 33 39 44 50
五			紫	蓝	青	绿	黄	橙	红	06 17 23 28 34 45 51
十	一(平)		红	紫	蓝	青	绿	黄	橙	57 63 68 74 85 91 96
四	一(闰)	七	橙	红	紫	蓝	青	绿	黄	52 58 69 75 80 86 97
九	十二		黄	橙	红	紫	蓝	青	绿	53 59 64 70 81 87 92 98
六			绿	黄	橙	红	紫	蓝	青	54 65 71 76 82 93 99
三	二(平)	十一	青	绿	黄	橙	红	紫	蓝	55 60 66 77 83 88 94
八	二闰		蓝	青	绿	黄	橙	红	紫	61 67 72 78 89 95
五			紫	蓝	青	绿	黄	橙	红	56 62 73 79 84 90

注: 一(平)和一(闰)分别表示平年和闰年的一月,二(平)和二(闰)分别表示平年和闰年的二月.

52

参 考 文 献

[1] 华罗庚. 从祖冲之的圆周率谈起[M]. 北京: 中国青年出版社, 1962.

[2] 万哲先. 孙子定理和大衍求一术[M]. 北京: 高等教育出版社, 1989.

[3] П. Г. КУЛНКОВСКИЙ. 天文爱好者手册[M]. 中国科学院紫金山天文台, 译. 张钰哲, 孙克定, 校. 北京: 科学出版社, 1956.

[4] I.Asimov. 数的趣谈[M]. 洪丕柱, 周昌忠, 译. 上海: 上海科学技术出版社, 1980.

郑重声明

高等教育出版社依法对本书享有专有出版权。任何未经许可的复制、销售行为均违反《中华人民共和国著作权法》，其行为人将承担相应的民事责任和行政责任；构成犯罪的，将被依法追究刑事责任。为了维护市场秩序，保护读者的合法权益，避免读者误用盗版书造成不良后果，我社将配合行政执法部门和司法机关对违法犯罪的单位和个人进行严厉打击。社会各界人士如发现上述侵权行为，希望及时举报，我社将奖励举报有功人员。

反盗版举报电话　　（010）58581999　58582371

反盗版举报邮箱　　dd@hep.com.cn

通信地址　北京市西城区德外大街4号
　　　　　高等教育出版社法律事务部

邮政编码　100120

读者意见反馈

为收集对教材的意见建议，进一步完善教材编写并做好服务工作，读者可将对本教材的意见建议通过如下渠道反馈至我社。

咨询电话　400-810-0598

反馈邮箱　hepsci@pub.hep.cn

通信地址　北京市朝阳区惠新东街4号富盛大厦1座
　　　　　高等教育出版社理科事业部

邮政编码　100029